北京市科学技术协会
“科普创作出版资金资助项目入围作品”
中国石化“十四五”重点图书出版规划项目

页岩气

石头里的“蓝金灵”

李 阳◎主编
中国石化科学技术协会◎组织编写

中国石化出版社
·北京·

内 容 提 要

《页岩气：石头里的“蓝金灵”》以生动的比喻和通俗的语言，揭秘深藏岩石的清洁能源——页岩气。第一章带领读者初识这位“蓝金”家族新成员，了解其分布和与生活的关联；第二章穿越时空，追溯页岩气的前世今生，观摩有机质如何沉积成岩并孕育“蓝金灵”；第三章详解开发“武功秘籍”：如何寻觅深藏“宅男”、修建“出游”通道（水平钻井与压裂）、从石头缝“挤”气，并完成“乾坤大挪移”（集输）；第四章展望页岩气作为未来“能源宠儿”的潜力，分析其引发的全球能源变革、中国的发展历程及其在未来可持续能源中的关键角色。

本书用引人入胜的故事、贴切的比喻和清晰的逻辑，将深奥的地质科学与前沿的工程技术转化为青少年和普通读者都能轻松理解的知识，是一本知识性与趣味性并重的科普读物，点燃读者对未来能源的好奇与憧憬。

图书在版编目（CIP）数据

页岩气：石头里的“蓝金灵”/ 李阳主编；中国石化科学技术协会组织编写 . -- 北京：中国石化出版社，2025. 8. -- ISBN 978-7-5114-7750-7

Ⅰ. P618.12-49

中国国家版本馆 CIP 数据核字第 2024W3F924 号

中国石化出版社出版发行

地址：北京市东城区安定门外大街58号

邮编：100011　电话：（010）57512500

发行部电话：（010）57512575

http：//www. sinopec-press. com

E-mail：press@ sinopec. com

北京科信印刷有限公司印刷

全国各地新华书店经销

*

710 毫米 ×1000 毫米　16 开本　6.75 印张　90 千字

2025 年 8 月第 1 版　2025 年 8 月第 1 次印刷

定价：58.00 元

《页岩气——石头里的“蓝金灵”》
编　委　会

序

科学技术普及是连接科学研究与社会大众的桥梁，是实现创新发展的重要基础性工作。近年来，我国科普事业蓬勃发展，公民科学素质水平跨越式提升，蕴藏在社会中的创新力量充分释放。

能源领域的科学技术普及工作方兴未艾。页岩气是近年来能源领域的一颗璀璨新星，它凭借清洁高效、资源丰富的独特优势，在社会发展中扮演着重要角色。全球范围内许多国家和地区通过技术创新实现了页岩气的大规模商业化开采。在中国，页岩气的勘探开发在近年来取得了令人瞩目的成就，关键技术不断突破，页岩气产量快速增长。这不仅为保障国家能源安全、优化能源结构作出重要贡献，还在推动地方经济发展、改善民生等方面发挥积极作用。

在此背景下，《页岩气——石头里的“蓝金灵”》一书应运而生。本书在李阳院士精心指导下，依托专家团队、编辑团队、美术创意团队等多方资源，秉承科学严谨、通俗易懂的原则创作而成。创作过程广泛征集专家意见，深度挖掘科普资源，切实了解读者需求，几经易稿，最终形成了集知识性、趣味性、可读性于一体的青少年科普读物。

我们相信，通过这本书的阅读，读者能够轻松了解页岩气产业的全貌。我们亦希望此书能够激发广大读者对能源科学的兴趣和探索精神，并在能源利用和环境保护方面树立更加科学的理念，共同迎接一个清洁、高效的能源未来。

本书是中国石化科学技术协会“能源科普系列丛书”的启幕之作，不仅承载着开创性的意义，更基于本次创作的宝贵经验，预示着中国石化科学技术协会将与顶尖专家院士及中国石化出版社紧密合作，共同打造一套横跨全能源领域的、面向新时代的能源科普系列书籍。这一系列图书旨在为青少年开启一扇通往能源科学殿堂的大门，激发他们的好奇心与求知欲，为培育国家未来的科学家队伍，贡献我们的绵薄之力，助力祖国科学事业的繁荣发展。

主编寄语

亲爱的小朋友们，你们好。欢迎走进页岩气的奇妙世界。

在我们生活的地球上，藏着许多能源宝藏，其中有一种名为“页岩气”的能源，它是天然气家族的重要成员，也是我国保障能源安全、实现“双碳”目标的重要力量。近年来，伴随着科学家对资源认识的不断深入以及开采技术的成熟，页岩气成为能源领域异军突起的一匹“黑马”。

《页岩气——石头里的“蓝金灵”》一书正是创作于这样的背景之下。本书旨在以通俗易懂的语言、严谨科学的知识、生动有趣的画面和启发思考的知识小课堂，向读者展现页岩气的知识，唤起读者对能源科学的热爱，启发读者对能源世界的探索。

在本书中，你可以穿越时空界限，了解页岩气的“前世今

生”，可以乘坐科技之舟，体会页岩气开采的“武功秘籍”，可以与科学家对话，与“蓝金灵”交朋友。当然，还有编辑团队精心制作的科普视频，就藏在书页中等你来发现。

其实，科学的世界就是这样，既充满未知和探索的乐趣，也拥有解惑和进步后的满足。希望小朋友们读完这本书，不仅能学到关于页岩气的知识，还能激发对科学的热爱。

未来，我们会继续探索更多能源科学普及领域，在小朋友们心中播撒能源科学的种子。期待你们长成参天大树，为祖国能源事业贡献力量！

目录

第一章

初识页岩气

页岩气，是近年来天然气领域出现的一位“新成员”，它潜力非凡又清洁环保，如今已成为我国天然气消费中不可或缺的一部分。那究竟什么是页岩气？它与我们的日常生活又有哪些关系呢？让我们带着这些问题，与页岩气来一场美丽的邂逅吧！

一、走进能源世界

我们的人类社会充满生机与活力，驱动人类社会运转的神秘力量来自一个庞大的“能源王国”。它拥有巨大的能量，能够为我们驱散寒冷、照亮黑暗、赋予力量、催生发展。它的家族成员队伍庞大，涵盖了各种可以为人类提供能量的能源。这些家族成员通常可以分为两大“门派”——可再生能源和不可再生能源。

可再生能源是近年来的“新兴门派”，主要由太阳能、风能、水能、生物质能和地热能等能源组成，它们取之不尽、用之不竭，可以随着大自然的变换无限循环，为人类提供清洁、环保的能源。

不可再生能源是根基深厚的“传统门派”，主要由煤炭、石油、天然气等化石能源组成，这些能源短时间内无法再生，但却是社会运转不可或缺的力量。

翻阅历史的书籍我们会发现，“传统门派”中每一位成员的发现、利用，都推动着人类社会发生质的变化。但我们深知作为能源瑰宝的“传统门派”虽然为社会发展立下了汗马功劳，但毕竟储量有限，且在使用过程中会产生大量污染物，对环境产生不良影响。

为此，近年来我们积极推动能源结构转型，加大可再生能源的开发和利用力度，逐步减少对不可再生能源的依赖，构建一个和谐、美丽的地球家园。

不过，可再生能源虽然取之不尽，但主要还是“靠天吃饭”。比如我们常见的太阳能，在晴朗的天气中“功力强劲”，但一旦遇到阴天、夜间，就“经脉封闭、武功全失”了。风能、潮汐能等可再生能源也是如此。因此，不稳定的可再生能源，无法在短时间内完全替代不可再生能源。

那么问题来了，有没有一种既相对清洁、又稳定可靠的能源呢？答案就是：天然气。

二、认识"蓝金"家族

天然气，是我们日常生活中经常使用的能源之一。作为一种化石燃料，它在燃烧时产生的污染物远低于煤炭和石油。这是因为天然气的主要成分是甲烷，燃烧时更为充分，排放的二氧化硫、氮氧化物和颗粒物相对较少。因此，使用天然气有助于减缓地球温室效应，减少酸雨形成和雾霾的产生。

除了清洁的属性外，天然气稳定可靠的属性也决定了其在"能源家族"中的独特地位。它不仅储量丰富，而且开发技术成熟，因此，在人类能源使用进程中，天然气以其独特的优势，成为连接不可再生能源和可再生能源之间的重要桥梁。

在日常生活中，天然气以其无微不至的陪伴，成为我们不可或缺的伙伴。它仿佛一位拥有千变万化本领的“魔术师”，时而化身我们烹饪食物的得力助手，时而化身发电、取暖的能量源泉，时而代替石油给汽车提供动力，时而变身工业原料生产出种类繁多的化工产品。

广泛而多样的应用，奠定了天然气资源的独有地位。人们通常习惯以“黄金”这一贵重金属来颂扬自然宝藏的珍贵，像石油被称为“黑金”一样，天然气由于在燃烧时会产生蓝色的火焰，因此被形象地冠以“蓝金”的美誉。

让知识
动起来

“蓝金”家族成员众多，按照出生地及开采特点的不同，通常把它们分为两大类：常规天然气和非常规天然气。

我们生活中提到的天然气，大多是指常规天然气，它是天然气家族中成熟稳定的“大哥”，主要藏身于地下的砂岩、石灰岩等渗透性较好的岩石孔隙中，与石油常常是邻里关系。它的开采方式相对简单，通常只需要向地下钻一口直直的井，天然气便会从岩石的孔隙中涌出，沿着井筒涌向地面。

相较于成熟稳定的“大哥”，非常规天然气则是一群喜欢躲猫猫的“小朋友”，它们通常藏在地下不容易被开采出来的地方，比如页岩、致密砂岩等渗透性较差的岩石中，想要把它们请出地面，不仅需要会在地下拐弯的水平井，还要有很多新技术的支持。

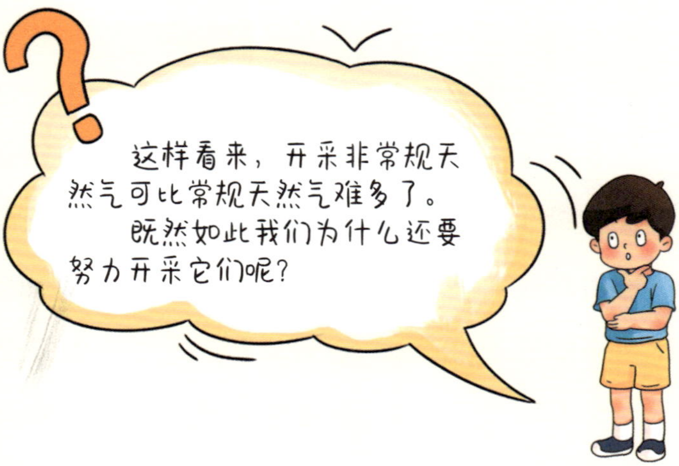

这是因为，非常规天然气虽然个性顽皮，却蕴藏着雄厚的实力。它的家族成员数量庞大，包括页岩气、致密气、煤层气、可燃冰等多种类型，它们不仅是我国近年来天然气新发现的热点领域，也是推动天然气产量稳步上涨的重要力量。

近年来，伴随着科学家对非常规天然气认识的深入和开采技术的进步，非常规天然气产量正在快速上涨。未来，非常规天然气将与常规天然气一起，共同推动我国天然气产量稳步上扬。

知识小课堂：

煤层气又被叫作瓦斯，是存在于煤矿中的一种伴生气；

致密气通常是指储藏在致密砂岩中的天然气；

可燃冰学名叫天然气水合物，绝大部分埋藏在海底，因为外观像冰而且遇火可燃烧，因此得名可燃冰。

三、“蓝金”家族来了新成员

页岩气，是“蓝金”家族近年来冉冉升起的一颗新星，它以丰富的储量和日益成熟的开采技术，在能源舞台上大放异彩。它源自地球深处的古老岩层，经过亿万年的演变，终于在一项项创新技术的挖掘下，被揭开了神秘的面纱，与我们见面。

作为一种清洁、高效的能源，页岩气的出现不仅能够为人类实现绿色低碳发展提供更加充足的天然气资源，也在推动能源科技创新甚至改变能源结构上发挥了不可或缺的作用。

接下来，就让我们一起走进页岩气的世界！

页岩气，顾名思义，就是从页岩中开采的天然气。它与我们生活中使用的天然气本质上是一样的，主要成分都是甲烷。

如果我们把时光追溯到亿万年前会发现，页岩气和常规天然气的形成过程有着异曲同工之妙，而且它们都喜欢居住在岩石的孔隙中。不同的是，常规天然气居住的岩石如同海绵一样拥有较大的孔隙，渗透性好，常规天然气可以在其中自由流动。而页岩气居住的岩石孔隙极其微小，岩石中的有机质或矿物质就像磁铁吸引铁屑一样，将页岩气紧紧“吸”住，这样一来，页岩气就只能乖乖待在原地了。

除了上面提到的吸附状态，也有一小部分页岩气不会被“吸”住，而是以游离状态存在于较大的孔隙或裂缝中，更少一部分页岩气则溶解在地层水等物质中。

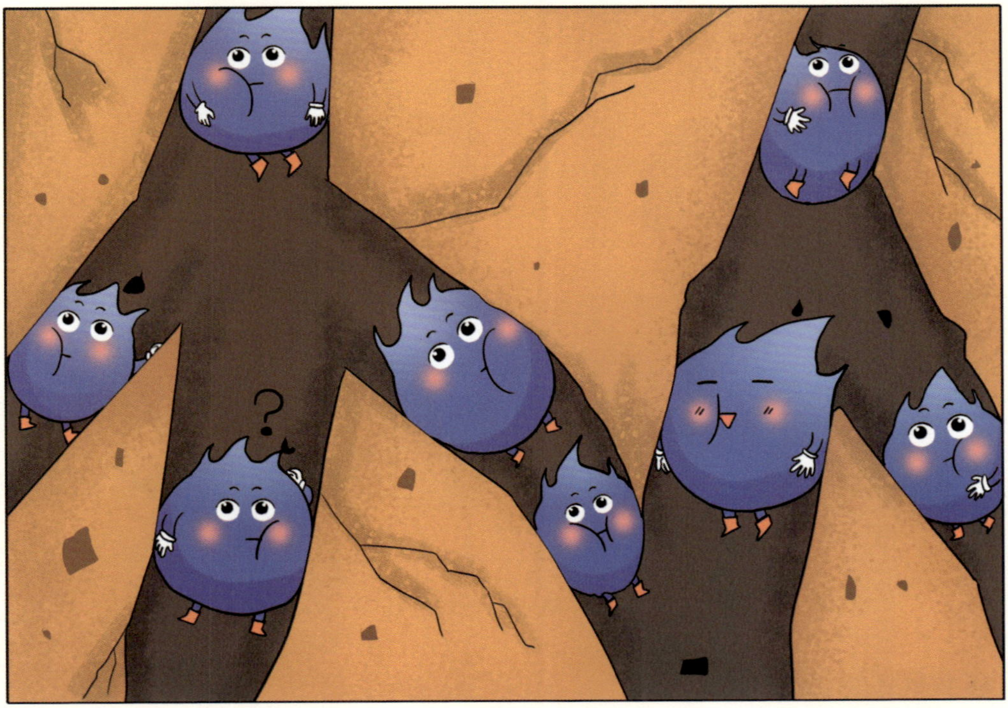

技术创新让我们找到了与页岩气见面的办法。正因如此，我们才发现页岩气的储量竟如此庞大。以目前的技术手段估计，全球可以开采的页岩气达200多万亿立方米，如果全部开采出来，大约可以供人类使用200年！

在祖国的广袤大地上，页岩气的开发正如火如荼地进行着。预计到2030年左右，页岩气的产量将占据我国天然气总产量的三分之一❶。未来，科学家们将继续引领这些深藏地下的能源精灵，走进我们的生活，为我们带来清洁、高效的能源动力。

知识小课堂：

同学们，你们知道1立方米天然气都能做什么吗？

❶ 数据来自国家能源局。

四、周游世界的页岩气

页岩气家族广泛分布在世界各地，迄今为止，除了遥远的南极洲外，地球上其他六大洲——亚洲、非洲、北美洲、南美洲、欧洲以及大洋洲的土地上均已经发现了页岩气的身影。

接下来，就让我们一起出发，共同寻找页岩气的足迹吧！

目的地：美国

如果把全球的页岩气宝藏比作一块藏起来的蛋糕，那么美国是最早找到并且品尝到这一美味的"寻宝家"。20世纪90年代，美国就已经率先实现了大规模的页岩气开采。在美国的土地上，高峰时期有约10万口井马不停蹄地开采着页岩气，掀起了一场轰动世界的页岩气革命。

页岩气革命的爆发对美国乃至世界都产生了重大影响，凭借页岩气革命的成功，美国的天然气产量直线上升，从天然气进口国一跃转变成为出口国。同时，廉价的天然气也降低了美国的能源使用成本，促进了工业的发展。

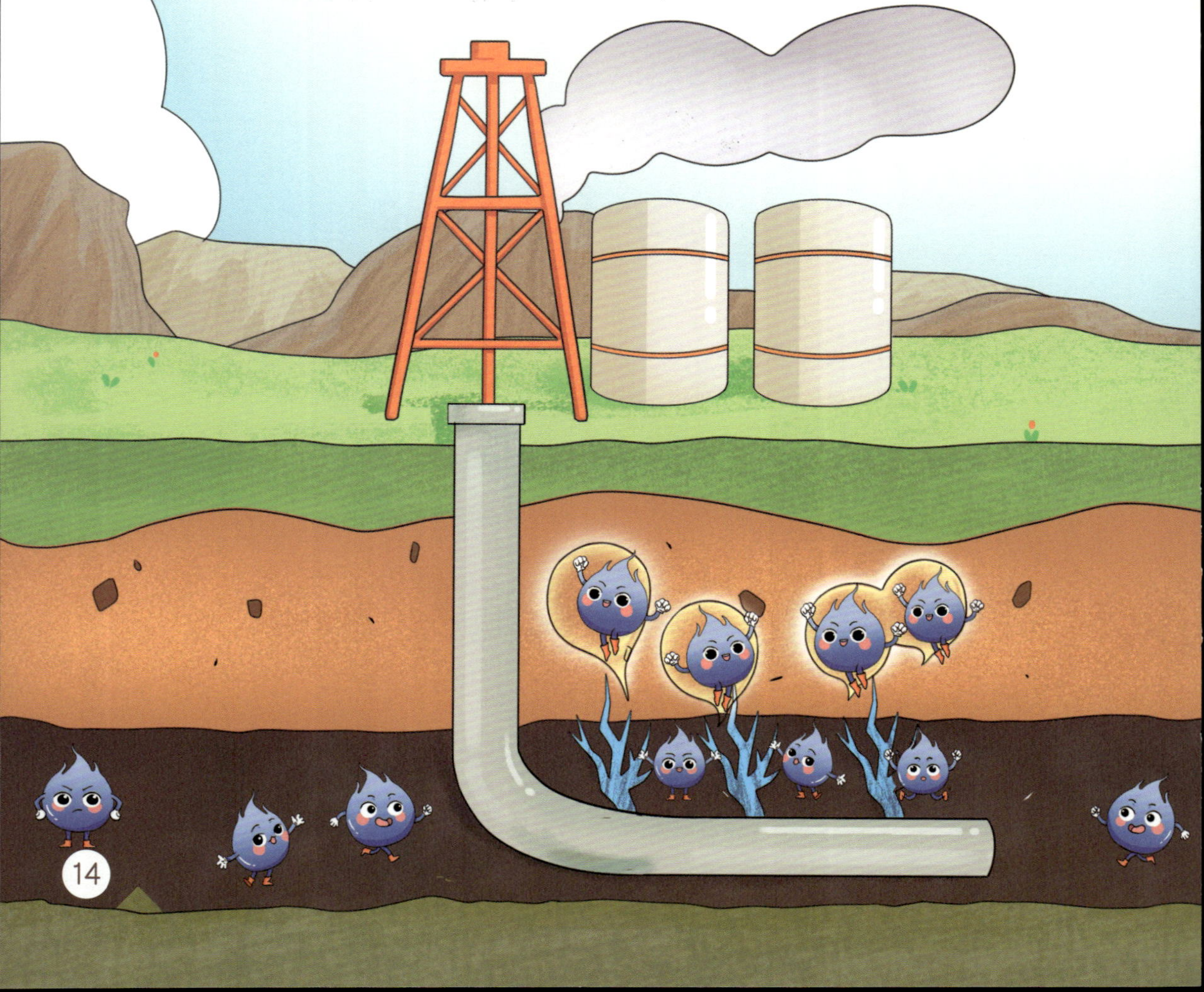

目的地：加拿大

与美国同属于一个大洲的加拿大，同样也拥有着富饶的页岩气宝藏。紧随美国的步伐，加拿大成为世界上第二个商业化开采页岩气的国家。近几年，加拿大的页岩气产量持续增长，页岩气已经成为本土主要的天然气来源。

目的地：阿根廷

位于南美洲的阿根廷也是全球页岩气宝藏的聚集地之一，虽然与美国分据地球南北两端，但科学家调查后却发现了一个神奇的现象：阿根廷蕴藏页岩气的地区地质情况与美国十分相似。正因为美国在页岩气开发上的成功，阿根廷也被视为页岩气开发的希望之地，众多油气生产商正在跃跃欲试，希望在这片土地上掀起新的页岩气革命。

目的地：中国

游览完遥远的美洲，让我们一起回到中国，看看在我们富饶的土地上藏着多少页岩气宝藏吧！

中国是世界上最大的页岩气宝藏拥有国之一，初步估计能够开采出的页岩气约22万亿立方米，是个名副其实的页岩气大国。

知识小课堂：

同学们，看到这里，你会不会产生一个疑问？页岩气明明藏在地下，为什么科学家们可以未卜先知，计算出看不见的地层中藏着多少宝藏呢？

其实这是一个非常复杂的过程，科学家们需要经过野外调查、实验分析、大量计算等，才能得到结果。

2010年，中国产出第一方页岩气，打开了页岩气开发的“宝藏之门”。如今，在四川盆地及长江中下游等地区，页岩气开采正进行得如火如荼。

知识小课堂：

聪明的同学们应该已经发现了，页岩气大多数喜欢待在盆地里。其实不止页岩气，大部分的石油和天然气的“理想居住地”都是沉积盆地。我国著名的石油地质学家李国玉教授就曾提出过“天生盆地必有油”的科学推论。

四川盆地是中国页岩气的“聚宝盆”，这里汇集了全国近一半的页岩气资源，是国内最早开发页岩气的地区。页岩气资源主要分布在四川、重庆和贵州等省市。其中，著名的中国石化涪陵页岩气田就诞生于此。它不仅是国内第一个商业化开发利用的大型页岩气田，也是除北美外第一家投入商业开发的页岩气田，为国内页岩气的开发提供了重要的经验和技术支持。

中国石化涪陵页岩气田

除涪陵页岩气田外，长宁页岩气田、威远页岩气田都是国内生产页岩气的“大户人家”。

长江中下游地区的页岩气产区主要在湖北、安徽、湖南等省份，其中湖北的宜昌页岩气田、安徽的霍山页岩气田等较为有名。此外，位于东北地区的松辽盆地、西北地区的鄂尔多斯盆地等也都已经发现了页岩气的身影。

相比于美国在页岩气开发上的成熟，我国的页岩气开发还处于起步阶段，在我国广袤的国土上，有很多页岩气宝藏正在等待着我们探索、发掘。

五、瞧！页岩气就在我们身边

同学们，当你们放学回家，闻到厨房里飘来的饭菜香味时，有没有想到，爸爸妈妈做饭使用的天然气，可能就是我们观察的主角——页岩气呢？

想要让远在野外的页岩气来到我们家中，可并不是一件容易的事。页岩气从地层中被开采出来后，首先要开启一场“净化之旅”，通过精细的处理加工使它变成合格的天然气。然后再进行“长途迁徙”，用长长的输气管道或其他运输方式输送到不同的城市。最后，再由燃气公司进行处理，最终通过埋在城市地下的管道送到我们家中！

除了在厨房里找到页岩气外，我们冬季家里使用的暖气也有它的功劳。每当冷空气席卷大地，页岩气便和常规天然气、煤炭等一起化身“温暖卫士”，守护冬日里的每一方温暖。当然，页岩气还可以用来发电，用作汽车、公交车的燃料等等。

除了日常生活，页岩气在工业生产中也扮演着重要角色。它可以为工业锅炉、燃气轮机等提供热量和动力，也可以用于钢铁、炼油行业。它是制造氮肥的重要原料，可以帮助农民伯伯收获更多的粮食，还能作为化学原料，用于生产氢气、甲醇、合成氨等重要的化学品。

知识小课堂：

假如天然气家族瞬间消失，这个世界会变成什么样子呢？一起跟身边的同学们讨论看看吧。

实际上，除了页岩气外，“能源王国”的其他成员也都在时刻守护着我们。冠以“蓝金”美誉的天然气家族让我们的生活更加温暖，更加清洁；拥有“72变”本领的石油家族让我们的生活更加丰富，更加便捷；还有被称为“工业的粮食”的煤炭家族，主打绿色清洁的风光水电等新能源家族……正是因为它们的共同努力，我们的生活才变得更加美好。

所以，亲爱的同学们，当我们尽情享受着“能源王国”创造的便利与舒适的同时，请一定记得：珍惜每一个来之不易的能源。

第二章

页岩气的前世今生

在第一章中我们知道了页岩气的重要作用，想必同学们一定迫不及待地想要去寻找页岩气了！别急，想要找到页岩气，还要从亿万年前的一场灾难说起。

页岩气从哪里来？它究竟是由什么变成的？又是在怎样的环境下长大的呢？让我们带着这些问题，继续出发吧！

一、始于自然的馈赠——有机质沉积

我们居住的地球已经很老了，它大约有46亿岁。在漫长的岁月中，它的身体结构发生了无数变化。斗转星移，沧海桑田，地球留给了我们无尽的财富，而深埋在地下的能源宝藏正是地球给予人类的无私馈赠。

页岩气是恐龙变的吗？

页岩气出生于哪个时代呢？让我们回到数亿年前。

那时，地球上的大部分地区还是一片汪洋大海，那里生活着千奇百怪的生物，天空遍布着飞翔的巨兽，海底生活着数十米长的鱼类，如恐龙一般的庞然大物几乎随处可见。

这些生物在岁月变迁中逐渐死亡，其中大部分会随着时间变化逐渐腐烂，从而在地球上消失得无影无踪。只有一小部分生物的遗骸会随着泥沙一起沉到海底（或湖底），经年累月，一层接一层的生物遗骸沉降、堆积、压实，最终在海底（或湖底）形成了厚厚的沉积层，埋藏在沉积层中的那些富含有机质的生物残屑，就是形成页岩气的"原材料"。

这些"原材料"在缺氧的环境下埋藏数亿年之久，经过细菌的分解以及地层内的高温、高压作用，最终转化成页岩气。

如果我们把目光放到当时的海底（或湖底），会发现这些生物的遗骸混合着泥沙一同沉向海底（或湖底），纷纷扬扬如同下雪一样，科学家们给这种现象起了个有趣的名字——海洋雪。

除了页岩气，煤炭、石油和其他天然气的形成过程也基本如此。只不过，不同的生物体内富含物质不同，生活环境不同，生成的能源自然也不同。

简单来说，陆地或浅水区的植物死亡后更容易生成煤炭或者天然气，而生活在海洋、湖泊深水区中的藻类植物、浮游生物等微生物则更容易生成石油以及天然气。

知识小课堂：

关于石油和天然气的成因，科学界至今仍然有着很多争论。除了我们刚刚介绍的主流学说“有机成因”外，还有一种“无机成因”，这种学说认为石油和天然气并不是古生物形成的，而是由自然界中的无机物化合而成的。

所以说，目前的科学研究表明，恐龙大概率无法变成页岩气，也无法变成其他的化石能源。不过我们使用的化石能源确实有很多来自“恐龙时代”呢！

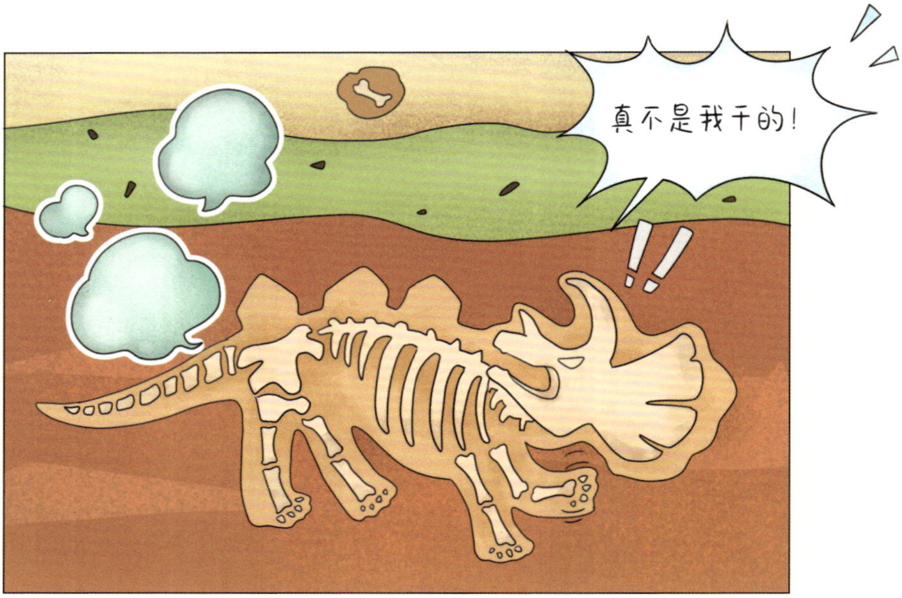

二、先成家——页岩的形成

同学们，当你们去野外探险时，有没有发现很多长相各异的岩石呢？它们构成了地球的“皮肤”，也就是科学家们所说的地壳。而页岩气的家就藏在它们之中。

接下来就让我们收拾行囊，一起去野外寻找页岩气的家吧！

页岩气的“家”长什么样？

想要找到页岩气的家，就让我们先从岩石说起。虽然地球上岩石的长相各不相同，但它们通常可以分为三大类，分别是沉积岩、岩浆岩和变质岩。

沉积岩主要分布于地壳的最上部，是在亿万年的地壳运动中，被水、风、冰川等改造、搬运并堆积出来的一种岩石。

知识小课堂：

同学们，你们知道这些岩石的主要成分是什么吗？

石灰岩的主要成分是碳酸钙，化学分子式为 $CaCO_3$；

白云岩的主要成分是白云石，是一种沉积碳酸盐岩，化学分子式为 $CaMg(CO_3)_2$；

砂岩和页岩的成分比较复杂，一般以 SiO_2 和 Al_2O_3 为主。

沉积岩通常拥有层层叠叠的构造，层与层之间有着较为明显的分界。它蕴藏着世界上80%左右的矿产，是石油天然气的主要存储地。沉积岩家族中有很多小伙伴，常见的有石灰岩、白云岩、砂岩、页岩等。

在沉积岩中，页岩是非常常见的类型。它的质地坚硬且致密，外表往往像黑板一样平整，但只要用锤子沿着层理轻轻一敲，页岩就会轻易地变成碎片。同学们，仔细观察下图中页岩的照片，大家有没有发现，它外表上层层叠叠的纹理很像平常我们所使用的书页的形状呢，这正是“页岩”这个名字的由来。

岩浆岩，又称火成岩，主要是由地下岩浆侵入地壳上部或喷出地表而形成的。比如黄山上最常见的花岗岩，就是岩浆岩的一种。

变质岩则是早先形成的岩石在新的温度、压力条件下“烹制”而成的新岩石，常见的大理石就属于变质岩。

当然，并不是所有像书页一样的岩石都是页岩气的“家”。有一种独特的黑色页岩，它是生成和储藏页岩气的主要场所，也就是我们所寻找的页岩气的“家”。

可别小看这种看似普通的黑色石头，它可号称“比黄金还贵”。过去人们普遍认为这种石头像铁板一样，没有孔隙存在，因此也不可能有天然气藏在里面。但随着认识的不断发展，科学家们逐渐找到了其中的奥秘。

如果我们把这种黑色页岩放在电子显微镜下仔细观察，会发现一个神奇的微观世界：岩石内部有形状各异的微小孔隙。这种孔隙的直径仅有头发丝的几千分之一，一般只能用纳米（1 纳米 $=10^{-9}$ 米）或微米（1 微米 $=10^{-6}$ 米）的尺度衡量，而页岩气就储存在这样的孔隙之中。

如果我们把从钻井中刚采出来的黑色页岩放入水中，就会看到水中瞬间冒出无数的小气泡，这些气泡正是黑色页岩中释放出来的页岩气。

这种黑色页岩在海洋、湖泊和海陆交替等不同的地质环境中都可以形成。相对应地，科学家们把生成于这三种地质环境下的页岩分别叫作海相页岩、陆相页岩和海陆交互相页岩。

海相页岩是我国页岩气开发的重要目标，主要分布在我国南方地区，例如在国内率先实现海相页岩气商业化开发的四川盆地就是海相页岩的聚集地。此外，塔里木盆地等地区也发现了丰富的海相页岩。与陆相、海陆交互相页岩相比，海相页岩形成于相对稳定的海洋环境，有机质类型整体较好，往往具有较大的生成页岩气的潜力。

陆相页岩分布在东北、西北和华北地区，鄂尔多斯盆地、四川盆地等均有发现，陆相页岩虽然同样具有较厚的页岩层，但往往分布面积较小，储层变化比较复杂。

海陆交互相页岩发育相对局限，主要分布在鄂尔多斯盆地和塔里木盆地中，它的页岩层厚度小，经常跟煤层、砂层频繁交替过渡，因此开采的挑战性更大。

知识小课堂：

黑色页岩中不仅能够产生页岩气，还可以产生页岩油。这种页岩油同样需要采用特殊的开采工艺，才能获得工业石油产量。目前，我国的页岩油主要分布在松辽、渤海湾、鄂尔多斯、准噶尔等盆地。

不是所有的页岩都会“生气”

同样是页岩，为什么只有黑色的页岩被青睐，而其他颜色的页岩却并不是页岩气的主要居住地呢？想要回答这个问题，首先要去看看页岩气的“家”是如何修建的。

在很久以前的地球上，曾分布着许多坚硬的岩石，然而，随着地壳运动、气候变化等，原本坚硬的岩石逐渐变成了细小的碎屑。这些细小的碎屑在风力、水流以及冰川等“热心群众”的帮助下，开启了一场长途迁徙，当搬运作用下降时，这些细小的碎屑就在新的住址停留了下来。

比如，我们如今看到的黄河三角洲，就是水流将黄土高原的泥沙搬运而来才形成的。

就这样，岩石日复一日地被风化、剥蚀、搬运、沉积、压实，碎屑就再度变成了坚硬的岩石，这就是沉积岩的“成岩过程”。

如果在成岩过程中，一些能够变成页岩气的生物残屑悄悄“住”进去，那这里就变成页岩气的“家”啦！

同学们，你们是否已经洞察到页岩气生成的关键所在？其实，真正起到决定性作用的并不是页岩气的“家”盖得多漂亮，而是需要有“内在美”，也就是要有能够生成页岩气的原材料——生物残屑中的有机质。

一般来说，有机质的含量越高，岩石的颜色通常就越深，可能生成的页岩气就越多。因此，黑色页岩才成为页岩气的“理想之家”。而对于自然界中那些有机质含量低甚至没有有机质的页岩而言，想要生出页岩气，那可真是“巧妇难为无米之炊”了。

知识小课堂：

除了生成页岩气外，黑色页岩还能够用于提炼锰、铬、镍等金属矿产，有些地区的黑色页岩甚至能够直接提炼石油。此外，黑色页岩还可以用作制造水泥、陶粒等。

三、再立业——页岩气的孕育与成藏

地球利用几百万年的时间修筑了页岩气的“家”，同样还需要漫长的时间来孕育页岩气。

别压我，我要热“化”了

当富含生物残屑的沉积层形成后，在地层高温高压的作用下，会发生一系列变化，最终形成页岩气。那这一神奇的变化是如何发生的呢？

打个比喻，页岩气的生成过程有点像用高压锅煮饭。生物残屑中的有机质就像生的大米，当我们把它放进“高压锅”，也就是地层的沉积层中，再给它提供足够的温度、压力和时间，生的大米就会变成香喷喷的美食，有机质也就变成了页岩气。

具体来说，页岩气的生成通常分为以下阶段：

● 开始阶段——厌氧细菌的主场

在开始阶段，生物残屑埋藏较浅，所在地层的温度和压力都很低，在“火候”不够的情况下，想要生成页岩气，得靠外援——厌氧细菌的帮助。这一阶段的温度低于50摄氏度，此时会生成天然气（以生物气为主）。

● 高温“蒸煮”阶段——油气携手登场

当埋藏深度越来越大，地层中的温度和压力也随之增加，原先活跃的厌氧细菌最先被“热死”，而生物残骸中的有机质则在高温、高压的条件下慢慢“变熟”。当温度处于50~150摄氏度时，会生成大量的石油和少量的天然气，当温度处于120~190摄氏度时，则主要生成天然气。

● 过熟阶段——这次真的热“化”了

当石油和天然气生成之后，地层这个天然的“高压锅”可能会不停地加热、加压，之前生成的石油就会被热“化”，变成天然气。当然，如果温度和压力继续增加，天然气也无法幸存，只能进一步裂解，成为单一的气体——甲烷。

读者朋友们，你们有没有发现，在上面三个阶段中，每个阶段都有天然气的产生。不过这些天然气并不全是页岩气，它们当中的一部分会从原来的地层中跑出去，成为常规天然气。而另一部分则在致密的页岩中住下来，成为页岩气。

资深“宅男”养成记

那为什么页岩气要留在原地，而常规天然气可以跑出去，寻找新的住所呢？其实并非页岩气不想去外面的世界看看，而是根本没有出去的路。

天然气形成后，并不会乖乖待在原地，而是会被同类或者岩石的压力挤出去，被迫沿着岩石的孔隙移动。在这一过程中，大部分天然气会走散，甚至跑到空气中不见踪影。只有极少数天然气会在地下找到“密不透风的房子”，从而安家落户。

而对于页岩气而言，它们的出生地就是密不透风的“孤岛式”的房子，不仅没有出去走走的通道，就连邻居们想见上一面都是很难的。

第三章

页岩气开发的“武功秘籍”

在前两章中，我们乘着时光机穿越回亿万年前，目睹了页岩气的前世。那么接下来，就让我们一起回到现在，找到藏在地下的页岩气，并想办法把它“请”出来。

可是俗话说，上天容易入地难。为了把这位藏在地下数千米的“宅男”请上地面，科学家们潜心修炼了一套“武功秘籍”。

一、寻觅“宅男”的踪迹

页岩气埋藏在数千米的地下，可是我们既没有“千里眼”，也没有“顺风耳”，该如何才能找到它呢？别急，地质学家们已经背上行囊出发，去野外寻觅它的踪迹了。

翻山越岭寻“甜点”

地层深处的秘密，有时就巧妙地藏在地面上，等待着我们前去探索。启程之前，地质学家们会精心准备好他们的行囊，传统的三件宝贝是罗盘、地质锤和放大镜，如今，卫星定位设备、无人机等新设备也已经成为他们的“法宝”。

在这场寻宝行动中，每一块石头、每一个裂缝都可能成为揭示地下丰富资源的关键线索。地质学家们通过细致入微的观察，研究地面露出的岩石层理、颜色、质地，甚至是其中夹带的化石等痕迹，仔细寻找页岩气存在的蛛丝马迹。

地质学家们开展野外调查，通常会分为三个步骤：

首先需要“广撒网”，从大自然留下的痕迹中圈定可能生成页岩气的地区，进行普查；然后进行“细刻画”，将普查范围进一步缩小，选定最有希望出现页岩气的地区开展详查；最终圈定“决赛圈”，选出潜力大并可能具备页岩气开发价值的地区开展详细勘查。

此外，在野外找到页岩气的踪迹后，地质学家们还需要对这些“证据”进行细致的记录和采集工作。

首先，地质学家们会使用专业的设备，拍摄相关岩石的照片，记录下岩石的形态、颜色和纹理等特征，为后续分析提供重要的参考资料。接下来，他们会使用测量仪等工具进行采样和测量工作，对岩石的尺寸、密度等要素进行逐一记录。

最终，地质学家们会将采集到的珍贵样品带回实验室，进行更为详细的分析。

野外地质调查看起来是一场有趣的寻宝之旅，但实际上却是对智慧与勇气的考验。

地质学家们的工作环境常常是充满挑战的，不仅需要跋山涉水、风餐露宿，还可能会遇到山体滑坡、泥石流、野兽袭击等各类潜在危险。但每当地质学家们一步一尺丈量着祖国的每一寸土地，找到新的资源希望时，仿佛所有的岩石都会说话，每一个地层都在向他们诉说着故事。每当这时，他们心中的信念和热情便会被再度点燃，激励着他们在艰苦的环境中不断前行，为国家的能源安全和经济发展贡献自己的力量。

地质学家们从野外回到实验室，首先会将岩石样品磨平、切片，以便进行更加直观的观察分析，揭秘藏在岩石中的密码。

实验室分析阶段是物理学、化学、热力学等学科综合智慧的成果，通过显微镜观察，地质学家们可以知道岩石的微观结构和有机质的分布情况，通过化学成分分析，可以更好地了解页岩气有机质含量、矿物组成等，通过热力学分析，可以知道岩石的含气量等信息。最终，地质学家们根据实验室分析的结果，对野外勘探成果进行总结，大致圈定出页岩气可能存在的地区，为进一步勘探提供依据。

看清地下的“千里眼”

野外地质调查可以初步判断某一地区是否存在页岩气，但想了解页岩气在地下的具体状态，还需要与地层有更深度的接触。

通常，我们把岩层中可能存在大面积石油天然气并且具有开发价值的区域叫作“甜点”。“甜点”的说法是从“Sweet heart”翻译而来，就像夹心饼干中最受小朋友们欢迎的奶油层一样，意味着“最佳口味”。在页岩气领域，“甜点”则是指具有较高的页岩气产量和开采潜力的区域，精准定位“甜点”，可以最大限度地提高页岩气的开采效率。

那我们该如何准确找到藏在地下的页岩气“甜点”呢？

地震勘探是最常使用的方法，它不仅能够准确找到地下的页岩气“甜点”，还能够帮助确定“甜点”在地下有多厚、藏得有多深。

可控震源车是地震勘探常用的装备之一，它的原理与自然界中蝙蝠的回声定位类似，通过向地下发射可控地震波，收集并记录地震波的反射规律，大致摸清地下情况。正如人的高矮胖瘦各不相同，地下岩层的性质也不同，地震波在经过不同的岩层时，传播的状态、速度和方向会发生不同的变化。地震勘探就是通过捕捉并分析这些变化，为地层“画像”。

地震勘探收集到的数据是海量的，想要把这些数据分析出来，依靠人力根本无法完成，这时就需要用到“最强大脑”——超级计算机，对地震数据进行处理和分析。

除了地震勘探，科学家们还想出了很多能够“透视地层”的办法，比如重力勘探、磁力勘探、电法异常等，它们与地震勘探的出发点类似，都是利用地下岩层或物体的不同性质，来寻找地层深处的秘密。

知识小课堂：

重力勘探：地下岩层密度不均，引起了重力加速度的变化。重力勘探就是通过捕捉这种异常，从而判断地下的情况。

磁力勘探：不同岩石有不同的磁性，测定磁性的异常同样可以知晓地层的情况。

电法勘探：同样地，岩石的电学性质也各不相同，电学性质的差异，暴露了地层的“秘密”。

可是页岩气毕竟深埋在地下，想要找到它，只靠在地层表面“敲门”还远远不够。

以最常用的地震勘探为例，它虽然拥有“千里眼”的能力，但也有难以克服的缺点，其中最显著的就是多解性。这就像我们解一道算术题，两数之和等于5，让我们找到这样的两个数，答案可能是2和3，也可能是1和4。正是这种多解性，为地震勘探带来的信息罩上了一层白纱，难以被一眼洞穿。更具挑战的是，地震波在复杂多变的地层中穿行时，还会发生衰减，有的波段跑着跑着就不见了，这无疑也为勘探工作增加了一定难度。

因此，想要揭开页岩气的神秘面纱，我们还需要进一步采取先进技术和精密分析，获取更多地下信息。钻井，则是这一阶段的主要途径。

当一口钻井的钻头以不可阻挡之势穿透层层岩石，地下宝库的大门就被打开了。钻探而出的岩屑、岩芯、液体、气体等各种物质携带着宝贵的“信息”涌向地面。科学家们通过分析这些信息，就能更清晰地了解地下的情况，这一过程相当于给地层做了一次“抽血化验”。这种专门为了确定页岩气是否存在而钻的井，我们称为“探井”。

除了分析取出的岩屑等物质，测量钻井井筒内的数据也是获取地下信息的好办法。这一过程被叫作“测井”。

简单来说，测井就是将仪器送入井底，然后沿着井壁缓缓拉起来。在这一过程中，仪器会收集到很多有用的信息，科学家们通过分析这些信息，就能对地下的岩层做出评价。同学们，此刻请发挥一下想象，这一过程是不是有点像给地球做了次“胃镜”检查呢？

无论是在地面上的敲山震“气”，还是深入地下的钻探取芯，抑或是在仪器辅助下的精密测量，都能够有效帮助我们观察和判断地下页岩气的存在情况，为原本伸手不见五指的地下来一次“精准画像”。

二、修建“出游”通道

当地质学家们敲开了页岩气的“大门”后，接下来要做的就是要把它们开采出来。

在上一节中我们介绍过的井，就是在给页岩气修建“出游”的通道。只不过，这一阶段的井就不叫探井，而是评价井了。

向地下打个“小孔”

钻井，就是从地表向地下挖一个圆形的孔道，是正式开采页岩气的第一道工序。

可是，想要把坚硬的地层打个孔，并不是件容易的事，不仅需要“钢铁巨人”的精密配合，还需要石油工作者们拥有高超的作业技能。

在看得见的地面上，重量最高可达数百吨的“钢铁巨人”正在履行着它的使命，而在看不见的地层中，数千米的钻杆和“长满了牙齿”的钻头也正在穿透一层又一层的岩石。

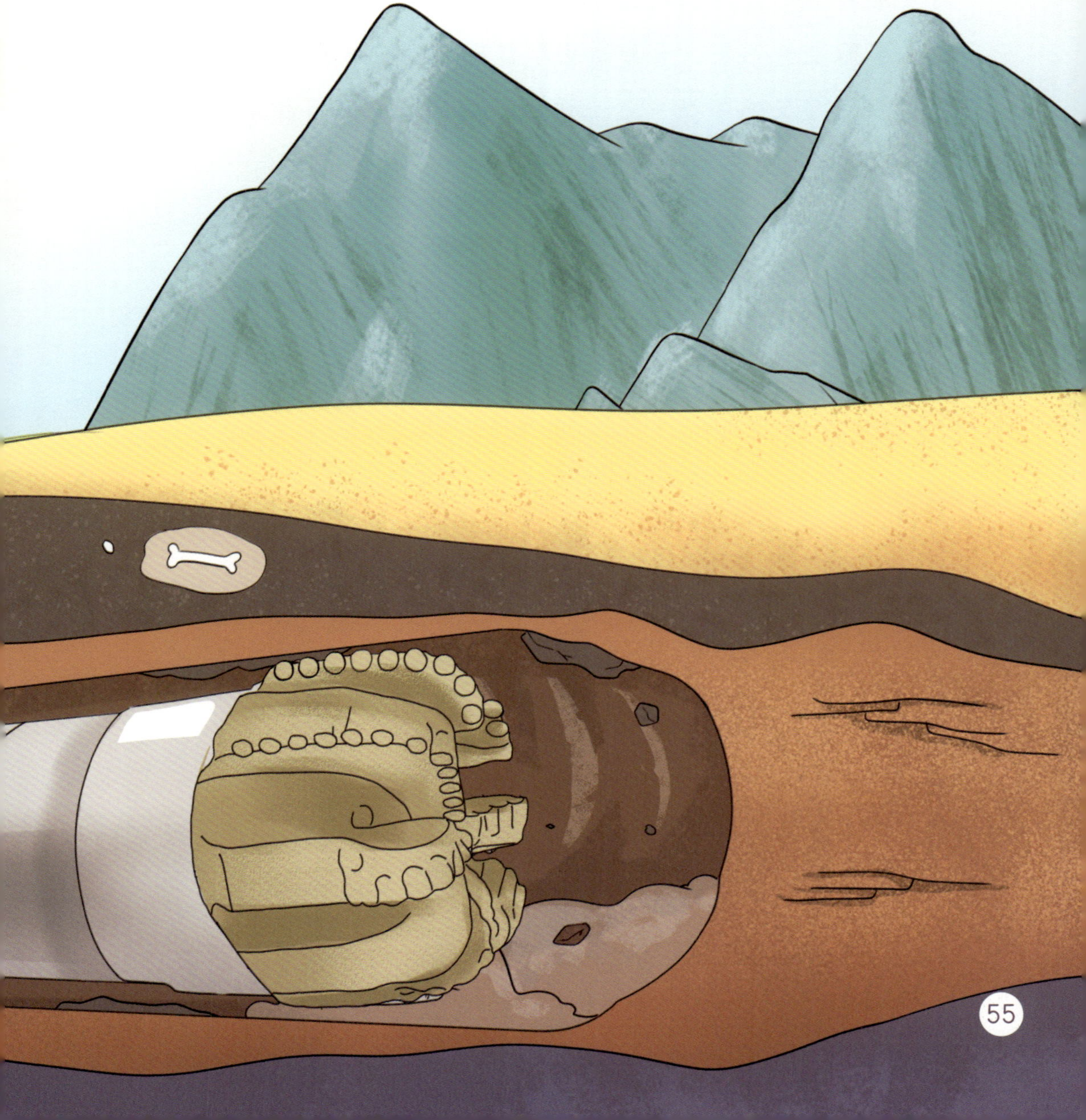

钻头，是页岩气开发中唯一与坚硬的岩层进行“正面对抗”的武器，它的坚固程度直接决定了页岩气的开发效率。它的“身体”通常由硬质合金材料制成，而“身体”四周有序排布的“牙齿”则是制造钻石的原材料——金刚石。正是这些坚固的“牙齿”可以将地层“咬碎”，创造出页岩气的“出游”通道。

钻杆，是将钻头送入地下的通道。可是我们知道，页岩气通常埋藏在数千米深的地层中，难道钻杆的长度也可以达到几千米吗？实际上并不是。开发页岩气使用的钻杆一根通常只有10米左右，想要深入地下数千米，需要把这些钻杆像拼积木一样一根一根地连接起来。

实际上，页岩气的开发是个“寸土寸金”的项目。有时为了钻一口井，经常需要用上几个月的时间，花费几千万元乃至上亿元。这真的值得吗？

当然值得。一口产量可观的页岩气井能够带来的社会效益和经济效益都是巨大的，更重要的是，只有拥有足够的资源底气，我们国家的发展步伐才会走得更加稳健。

把页岩气的"家"串起来

我们向地下打一口足够深度的直井，就能够把常规天然气开发出来，但是却不足以把页岩气"请"出来。在前面几章中介绍过，与常规天然气不同，页岩气通常在孔隙极小的岩石中分散存在，这决定了页岩气的开采要比常规天然气更难。

早期的页岩气开采也尝试使用与常规天然气一样的直井，但常规天然气是"小区式"居住，只要打开大门，它们就会蜂拥而出。而页岩气则更像居住在"乡村小屋"或"独栋别墅"中，直井或许能敲开个别页岩气的家门，但无法大面积请出它们。

针对页岩气埋藏的性质，科学家们经过研究，最终采用了水平井钻井的开发方案，也就是在地下水平拐弯用穿糖葫芦一样的方式把页岩气的“家”穿起来。

可是，想要在伸手不见五指的地下精准地穿起“糖葫芦”，该如何实现呢？科学家们为此专门修炼了一门新的“秘籍”——旋转导向钻井系统，它相当于给钻头安上了眼睛和方向盘，只要工作人员在地面进行操控，就能够控制钻头“指哪打哪”。

知识小课堂：

2022 年，中国石化江汉油田涪陵页岩气田完成一口超长水平井，水平段长 4286 米，大约相当于 9 个东方明珠的高度，创下当时我国页岩气井水平段最长纪录。

将页岩气"一网打尽"

页岩在地下是成片分布的，为了解放地下更多的页岩气，我们还会修建"井工厂"。

在油气田，打一口井往往要考虑很多因素，比如生产成本、生产效率等。目前我国页岩气的主要产地集中在四川盆地，而这一地区以山地地形为主，页岩气开发受地面条件限制较多。同时，山地环境交通不便，井场建设材料的运输比较困难，成本相对较高。为了降低页岩气开发成本，科学家们研究出了一个将页岩气"一网打尽"的办法，尽可能地利用一个钻井平台钻多口井，也就是"井工厂"。

如果我们此时能够透视地下就会发现，藏在地下的井井不是孤立存在的，而是像树根一样“闻着页岩气的味道”向四面八方伸展。

有了“井工厂”的存在，原本狭小的山地作业空间被平移到了地下，仿佛在地下织起了一张紧密的大网，将页岩气全部收入囊中。这不仅能够有效节约土地资源，还能够实现页岩气储层资源利用的最大化。同时，井工厂的开发方式还有助于优化页岩气的作业流程，一个平台中的几口井同时开钻，还能极大地提高施工效率。

目前，在中国石化涪陵页岩气田中，“井工厂”技术已运用于所有施工平台，单平台气井最多达28口。

涪陵页岩气田双钻塔“丛式井”集约化用地

三、石头缝里"挤"页岩气

有了可以在地下自如拐弯的钻井技术，页岩气就能够顺利地从地下游向地面了吗？实际上并非如此。想要顺利请出它们，还需要最后一份"武功秘籍"——水力压裂。

"撬开"地层的竟然是水？

页岩气居住在互不连通的"孤岛"中，想要让它们成群结队地出游，还需要来点大动作，在原本互不连通的"孤岛"之间修路搭桥，让页岩气的家族成员们聚集到一起。

那想要把地下的页岩气压出裂缝，需要用什么呢？

答案是：水！

科学家们利用地面设备，将高压水沿着井筒灌入地下，在井底憋起高压，当压力超过了地层的承受范围，页岩储气层就会被迫裂开，形成复杂的裂缝网，如同修建了一条条羊肠小道，让页岩气能够流到井筒中去。

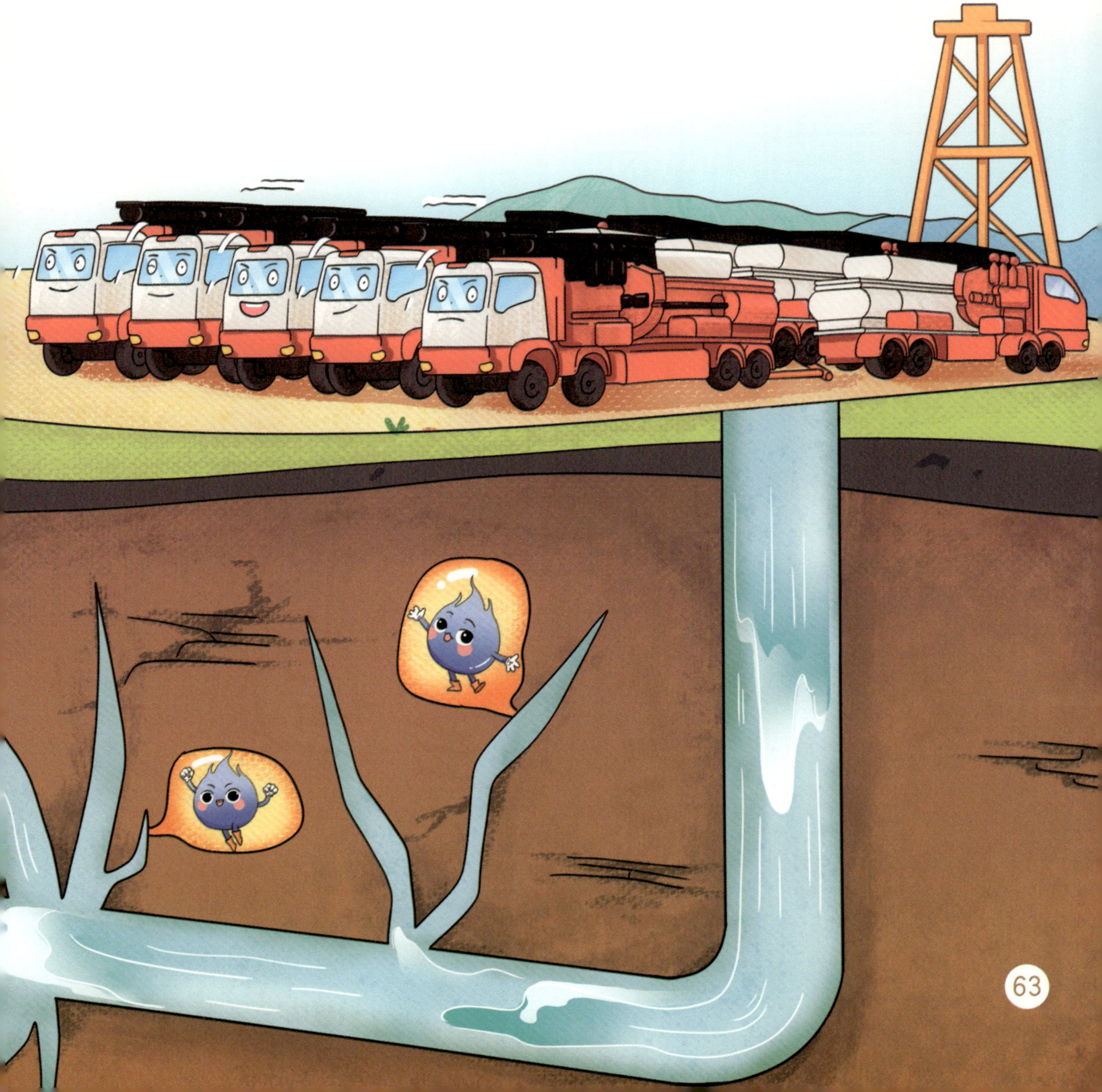

那为什么会选择柔软的水作为压裂岩石的“武器”呢？

我们都知道，地层中虽然到处分布着坚硬的石头，但这些石头中间却有着许多裂缝或孔隙，而柔软的水可是无孔不入的。此时只要给水施加足够的压力，就完全可以将岩石压裂。一般来说，能够压裂地层的水流压力要达到80兆帕以上，这个压力相当于在平地上将水打到珠穆朗玛峰那么高，需要巨大的能量。

想要制造出这样的压力，还需要一批特殊的装备——压裂机组。它们是页岩气开采中必不可少的“大力士”，能够提供强大的动力和压力，帮助完成压裂任务。它们力大无穷，一辆压裂车的动力大约相当于29辆家用轿车一起开动所产生的动力。

除了压裂车，压裂环节施工还离不开混砂车、仪表车、配液车、连续油管车等辅助设备，它们共同组成了一个功能强大的“巨无霸团”。

其中，混砂车负责将砂和水混合，形成压裂液；仪表车负责监测和记录压裂过程中的各种数据，确保压裂过程的顺利进行；配液车负责提供压裂所需的液体，保证压裂过程的连续性和稳定性；连续油管车负责清扫井眼桥塞，辅助完成压裂任务。各种设备之间精密配合，才完成了这项地下“造路”工程，成功为页岩气出游创造通道。

没错，压开的裂缝会有闭合的风险，所以科学家们往水里加了点料。压裂使用的液体中除了水，还会混合着石英砂、覆膜砂、陶粒等特殊的支撑剂，它们的体积有大有小，正好可以用于支撑不同大小的裂缝。

不同的支撑剂特点也不一样。石英砂主要来自沙漠，它的体积最小，抗压强度最低；覆膜砂是一种特殊的石英砂，它的表面经过特殊处理，覆盖了一层有机物质的薄膜，抗压强度较高；陶粒是经过人工烧制而成的材料，它的抗压强度最高。

但是，只有支撑剂也不行。

同学们想一想，把沙子混在水中，水携带沙子向前跑的时候总会有很多掉队的，可是如果我们想办法把水的黏度增大，是不是就会好一些了呢？

因此，想要让支撑剂顺利达到井下，还需要向水中加入可以提高黏性的减阻剂和胶液。

可别小瞧这个小小的创新，它不仅起到了运载支撑剂的作用，还能够帮助制造出更宽的裂缝，这样一来，压裂的效果就会大大提高。至此，页岩气终于可以在修建起来的路上顺利地跑起来了。

压裂结束后，这些液体会返回地面，井筒内的压力随之降低。此时，地层与井筒之间形成的压差，会推着页岩气沿着井筒流向地面。

当然，一口井并不是只能进行一次压裂施工，在页岩气的实际开发中，为了获取更大的开发效益，通常会使用重复压裂的办法，尤其是对于那些开发进入中后期的老井而言，给点“压力”往往还是有收获的！

在压裂施工过程中，除了追求经济效益，还要做好充分的环境保护工作。混合着各种药剂、支撑剂的压裂液进入地下后，会不会对地下水源造成污染呢？

别担心！地下的井筒会将压裂液直接送到页岩气的“家”，这一位置往往在地下几千米深的地方，而地下水层在较浅的地层中，二者之间存在着重重屏障。同时，井筒的严密设计和多重防护也牢牢锁住了压裂液，不会让它在下注的过程中四处逃窜，接触到地下水层。此外压裂过程中的射孔作业也会精准定位，只针对含有页岩气的层段，确保了对地下水层的保护。

除了环境保护问题，压裂过程中还会用到大量的水资源，这是否也是一种浪费呢？

不可否认，页岩气开发中的压裂施工是一个水资源消耗较大的过程，业内甚至有“千方砂、万方液”的说法，形象地描述了压裂过程中所需的大量砂石和压裂液。但这并不意味着这些资源会被无节制地消耗，压裂液不是一次性用品，当一口井的压裂完成后，这些液体会被收集起来，经过一系列严格的处理工艺，再进行重复利用。这种做法可谓一举多得，不仅减少了水资源的消耗，还能够在避免环境污染的同时节约开发成本。

此外，近年来国内科学家们还在研究无水或少水压裂等新技术，为页岩气的清洁开发提供更多保障。

涪陵页岩气田投运全国首座页岩气产出水处理站，确保不让一滴污水流入乌江

涪陵页岩气田网电钻机实现降噪、降耗、减排多重保障

不同于常规天然气，页岩气的勘探开发对钻探区域地层保护、地下水保护、地表环境保护等提出了更为严苛的要求。

近年来，国内推出了多项针对页岩气勘探开发的国家环保标准，页岩气开发企业也将环境保护落到实处。例如，针对开发过程中使用的大型柴油发动机排出的二氧化碳等气体的问题，通常以电驱压裂替代传统柴油驱压裂，用电气化代替柴油以减少二氧化碳的排放。

随着页岩气行业的不断发展，开发技术和管理水平也在逐渐成熟，在开采能源的同时保护好环境可是每一位石油工作者的“重要任务”呢！

四、页岩气的“乾坤大挪移”

经过勘探、钻井、压裂等一系列复杂的工序后，页岩气的“出游计划”就已经大功告成！接下来等待页岩气的会是什么呢？

奔赴地面，跟朋友们说再见

页岩气沿着井筒奔赴地面，终于与人们相遇了。只是页岩气并不是独自来到地面的，它还带着许多伙伴，比如地下深处的水、泥沙、杂质等，跟伙伴们告别，是页岩气来到地面的第一堂“必修课”。

页岩气被采出地面后，需要与一起从地层中带出来的杂质分开，然后进入专业容器，进行脱水和脱硫处理等。

知识小课堂：

脱除水分是为了防止页岩气在运输的过程中结冰。脱硫则是指脱除硫化氢，避免运输时腐蚀管道。如果页岩气中有二氧化碳，也需要进行脱碳处理。

之后，专业的工作人员会对页岩气进行计量，再通过增压站将其压缩成高压气体，通过管道运送至需要它们的地方。

跨越千里只为拥抱你

页岩气的出生地与目的地往往相距遥远，想要完成这场“千里之约”，还需要找到合适的“交通工具”。

目前，页岩气出行最常乘坐的“交通工具”是输气管道。它是由特殊材质的钢管制成的，大多数埋藏在地下，总长度可以达到几百甚至上千公里。输气管道像是一台高速运行的动车组，源源不断地将页岩气送至目的地，造福千家万户。

在能源开发中，技术创新就像是魔法师手中的神奇魔杖，能够将看似不可能的事情变为可能。旋转导向钻井技术和压裂技术，是如今页岩气开发的两大“法宝”，正是这两大技术的突破，才让页岩气这种原本不被看好的资源一跃成为能源领域的新星。而在石油天然气行业，这样的创新从未停止。

正是技术的突破让我们能够深入地层1万米，让埋藏在超深层的石油天然气与我们见面；正是技术的突破让我们能够潜入深海，将对广袤海洋的探索更进一步；也正是技术的突破让原本用传统手段无法动用的资源变成宝藏，进一步夯实我国的能源底气。而在技术突破的背后，无数科学家们孜孜不倦的创新精神，才是支撑能源行业前行的不竭动力。

同学们，页岩气开发的全套“武功秘籍”到这里就结束啦！你都记住了吗？让我们来一起回顾一下吧！

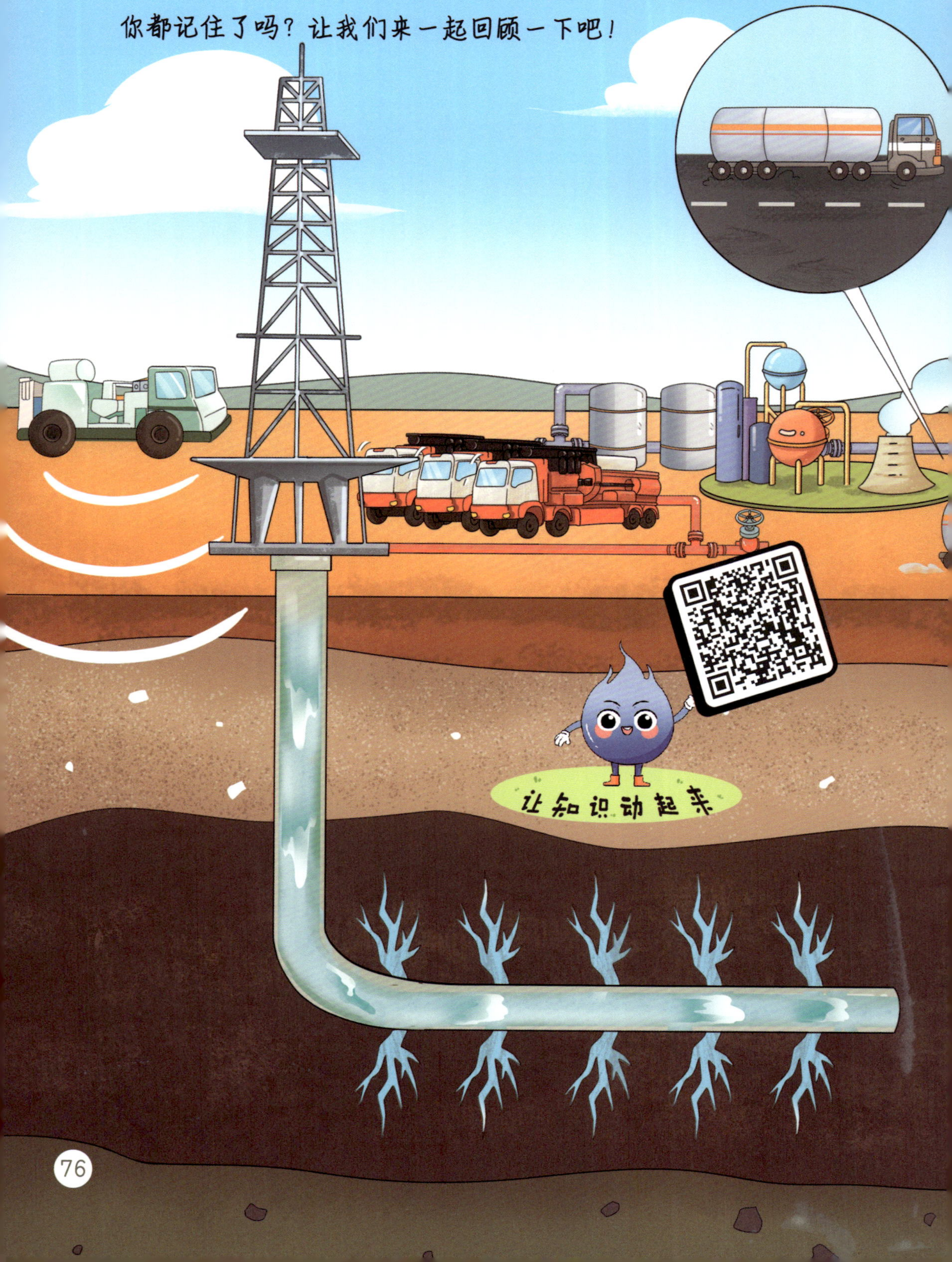

第四章

页岩气：未来“能源宠儿”

在传统化石能源兴盛了数百年后，页岩气犹如一颗新星横空出世。它庞大的资源量和成功的开发经验无一不在向我们彰显着：页岩气的未来不可限量。

一、页岩气风暴席卷全球

页岩气理论认识和开采技术的突破，让这个深埋地下的能源宝藏跨越亿万年时间，终于与我们相见。于是，一场席卷全球的页岩气风暴来了！

这一切究竟是如何发生的呢？故事还要回到最先尝到页岩气“蛋糕”的美国。

2009年10月10日，美国《纽约时报》发表文章宣称，美国拥有一种新技术，能够搞定以前无法开采的天然气，也就是页岩气，吹响了页岩气商业化开采的号角。

实际上，这并非美国首次发现并开采页岩气。如果把页岩气的开发历史向前追溯，我们会发现，美国早在19世纪初期就已经发现了页岩气。当时，美国一家能源公司在一个名为弗雷多尼亚的地方开采天然气，钻至21米深时无意中发现了页岩，并从中开采出大量的天然气。

知识小课堂：

关于世界上第一口页岩气井，还有另一种有趣的说法。1821年，一个小男孩在小溪的裂隙间意外地把从地下渗漏上来的天然气点燃了。惊喜之余，当地居民将其称为“燃烧泉”，并在附近钻了一口21米深的气井，被视为世界上第一口页岩气井。

直到20世纪20年代，美国才开始页岩气的工业生产，到了70年代进入规模化开采。当然，最迅猛的还要数近20年，也就是书中开头我们介绍过的著名的美国“页岩气革命”。2006年，美国页岩气产量占天然气总产量的1%。而到了2010年，美国的页岩气产量就已经占天然气总产量的20%，短短5年时间，页岩气产量的增长超过20倍。

2010年犹如一个神奇的开关，打开了美国页岩气开发的“阀门”，自此，大量的页岩气井在美国的土地上拔地而起。到2016年，美国首次出口页岩气，从曾经的全球第一大能源进口国一跃成为能源出口国。

美国“页岩气革命”的成功，点燃了全球页岩气开发的热情，使得页岩气风暴从美国蔓延至全球，尤其是资源量丰富的中国、加拿大、阿根廷等。这场风暴的来临，给我国发展页岩气产业提供了诸多启示，也激励着新一代能源工作者们奋起直追，打响属于中国的“页岩气革命”。

二、中国页岩气大军初长成

对于中国而言，面对丰富的页岩气储量，我们能否直接复制美国的"页岩气革命"呢？

实际上并没有那么简单。

深地取气，我们难在哪里？

有人把中国的页岩气比作一朵带刺的玫瑰，看上去很美，但想要大规模开发，难度却很大。

那我们究竟难在哪里？这些难题会被解决吗？

在页岩气领域，一直流传着一个比喻：美国地下蕴藏的页岩气就像是形状相对完好的盘子，平整地埋到靠近地面的地方，开采起来相对简单。而中国页岩气埋藏的地质条件则非常复杂，不仅页岩总体分布的连续面积不大，而且埋藏的深度往往较深。想要在深达数千米的地层中找到并开采出这些相对零散的页岩气，其难度可想而知。

总结起来，相较于美国，我国的页岩气开发从先天条件上就面临着三大“拦路虎”：地质太复杂、气体埋藏深、技术难度高。

除了大自然设置的“地狱级难度”，我国还曾在页岩气开发上面临“四大皆空”的状态——经验空、技术空、设备空、人才空，不少能源工作者甚至都是第一次听说页岩气这个名字。

怎么办？

为了解决经验空的难题，我国先后引入多家国际石油公司，借鉴北美页岩气开发经验，实施了百余口探井，但遗憾的是，这些探井均未获得大型商业发现。通过这次勘探，证明了我国页岩气的地质条件与美国不同，如果只是单纯照搬国外经验，并不能取得大的突破。

为此，科学家们潜心研究，创新理论认识，提出了适合中国情况的页岩气开发理论，为页岩气大开发奠定了基础。

在理论认识获得突破的同时，技术空、设备空、人才空的难题也得以解决。如前面介绍的旋转导向钻井技术和水力压裂技术，就是页岩气开发的关键技术。如今，我们的页岩气开发技术已经走在世界前列，关键设备也基本实现国产化。

在人才领域，正如大半个世纪前，老一辈石油工作者们呕心沥血、艰苦奋斗，才开创出了大庆油田、胜利油田等一系列大油田一样，新一代的石油工作者们坚定地扛起了中国页岩气开发的大旗，他们一次次探索未知世界，一次次从失败中浴火重生，最终将页岩气开发的主动权牢牢掌握在了自己手中！

从一片空白到扬眉吐“气”

中国页岩气的开发历程并不算长，但在短短20年的时间内，却取得了令人瞩目的成就。

2004年，国内引入页岩气概念，石油工作者们着手调查国内的页岩气资源状况。为借鉴北美开发经验，国内引入多家在页岩气领域有经验的国际石油公司，在四川盆地等地区开展探索。国内石油天然气企业、科研院所和高等院校也同步开展页岩气早期评价研究。2008年，首口页岩气地质资料井长芯1井在四川发现了页岩气。紧接着，2010年，中国石油在四川长宁－威远地区获页岩气流。2011年，页岩气被确定为新矿种，中国凭借自己的力量摸清了页岩气的“家底”。

成功的探索经验为页岩气大开发奠定了基础。此后，我国页岩气进入勘探突破和快速建产阶段。2012年，中国石化在重庆焦石坝地区实施的第一口页岩气井——焦页1HF井钻获高产页岩气，这口功勋井的发现标志着页岩气商业化开发取得重大突破，涪陵页岩气田应运而生。

此后，页岩气大军如同雨后春笋般在中国的土地上成长起来，湖北宜昌、松辽盆地、滇黔桂地区陆续发现页岩气的踪迹，页岩气产量进入突飞猛进阶段。2017年，我国首个大型页岩气田——涪陵页岩气田建成年产能100亿立方米；2021年，四川盆地泸州区块形成国内首个万亿方储量的深层页岩气区，页岩气进入规模开发与创新发展的新阶段。

在这一时期，我国实现了理论认识、关键技术及配套装备的全方面突破，成为世界上少数拥有独立自主开发页岩气能力的国家。

在页岩气大军的努力下，我国的页岩气产量一路攀升。2012年，我国的页岩气产量还只有0.25亿立方米，到2023年，页岩气产量达到250亿立方米，一跃成为世界第二的页岩气大国。

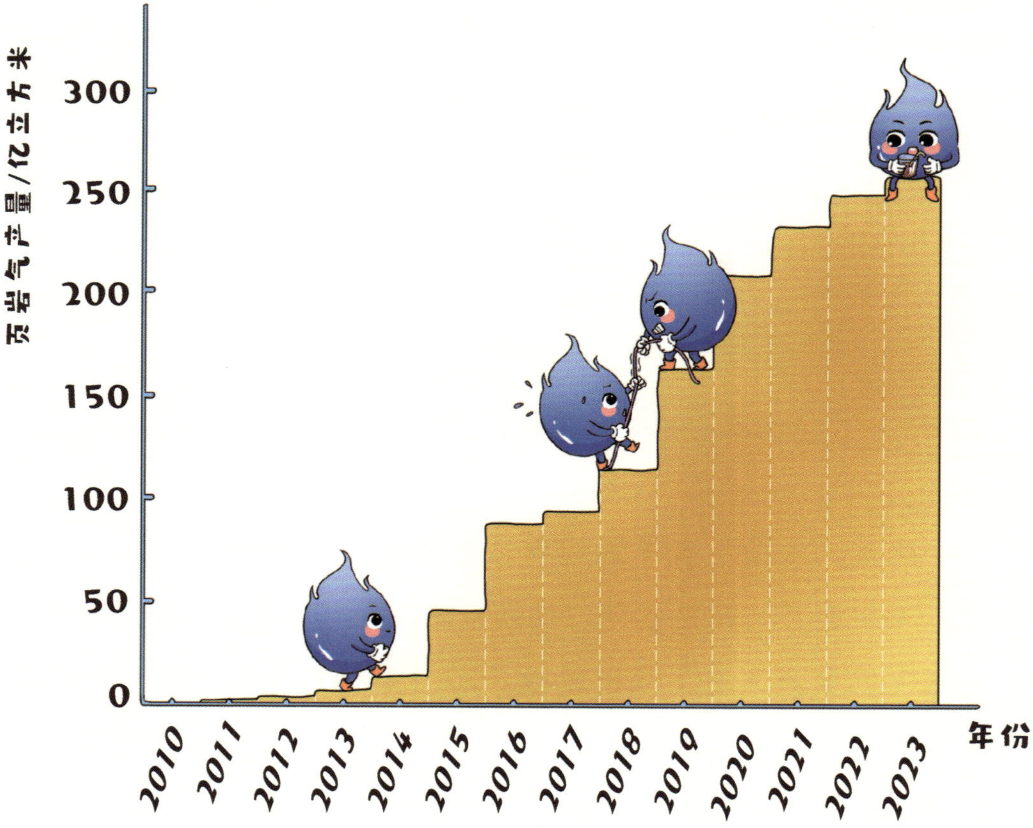

页岩气产量增长图

回望中国页岩气的发展之路，有一个“功勋之地”不得不提。那就是我国最早发现的页岩气田——中国石化涪陵页岩气田。

它的出现，不仅验证了我国页岩气开发的可行性，为页岩气大规模开发提供了充足的底气，还以成熟的经验和技术流程，为页岩气开发提供了一份“中国样本”。

涪陵在哪里？

同学们听说过三峡吗？那里有当今世界上最大的水利枢纽之一——三峡水电站。

在三峡库区的腹地，重庆市的中部，有个地方叫作涪陵，那里就是涪陵页岩气田的诞生地。它是中国首个大型页岩气田，是国内首个商业开发的大型页岩气田，同时也是目前全球除北美之外最大的页岩气田。

中国石化涪陵页岩气田

2012年，涪陵页岩气田首口页岩气井——焦页1HF井钻获高产工业气流，拉开了中国页岩气商业开发的序幕。2013年，国家能源局批复设立"重庆涪陵国家级页岩气示范区"，同年年底，示范区开发试验井14口，建成产能5亿方/年。此后，涪陵页岩气田产量快速增长。

截至2024年6月，涪陵页岩气田累计产量突破650亿立方米。按照每个家庭日平均消耗0.5立方米计算，可满足约3.6亿家庭一年的天然气使用量。

知识小课堂：

相比于石油、煤炭，页岩气可以算得上是"绿色能源"。涪陵页岩气田的百亿方气田建成后，每年可以减少二氧化碳排放1200万吨，相当于植树造林近1.1亿棵呢！

这些源源不断的"涪气"为长江经济带沿线6省2市70多个大中型城市送去洁净能源，惠及上千家企业、近两亿居民。

涪陵页岩气田的探索与成功，带领着我国页岩气产业加速迈进大规模商业化发展的新阶段。

我们换个角度，依旧能够体会到这座气田的来之不易。

到2023年2月，涪陵页岩气田的累计钻井进尺就已经突破了400万米，相当于在地下钻透了452座珠穆朗玛峰。在这背后，有科学家们日复一日的攻关，有一线工作者们持之以恒的努力，有老一辈石油人的传承，更有新一辈石油人的坚守。涪陵页岩气田以及其他页岩气田的成功开发，让中国页岩气开发从一片空白真正扬眉吐"气"。

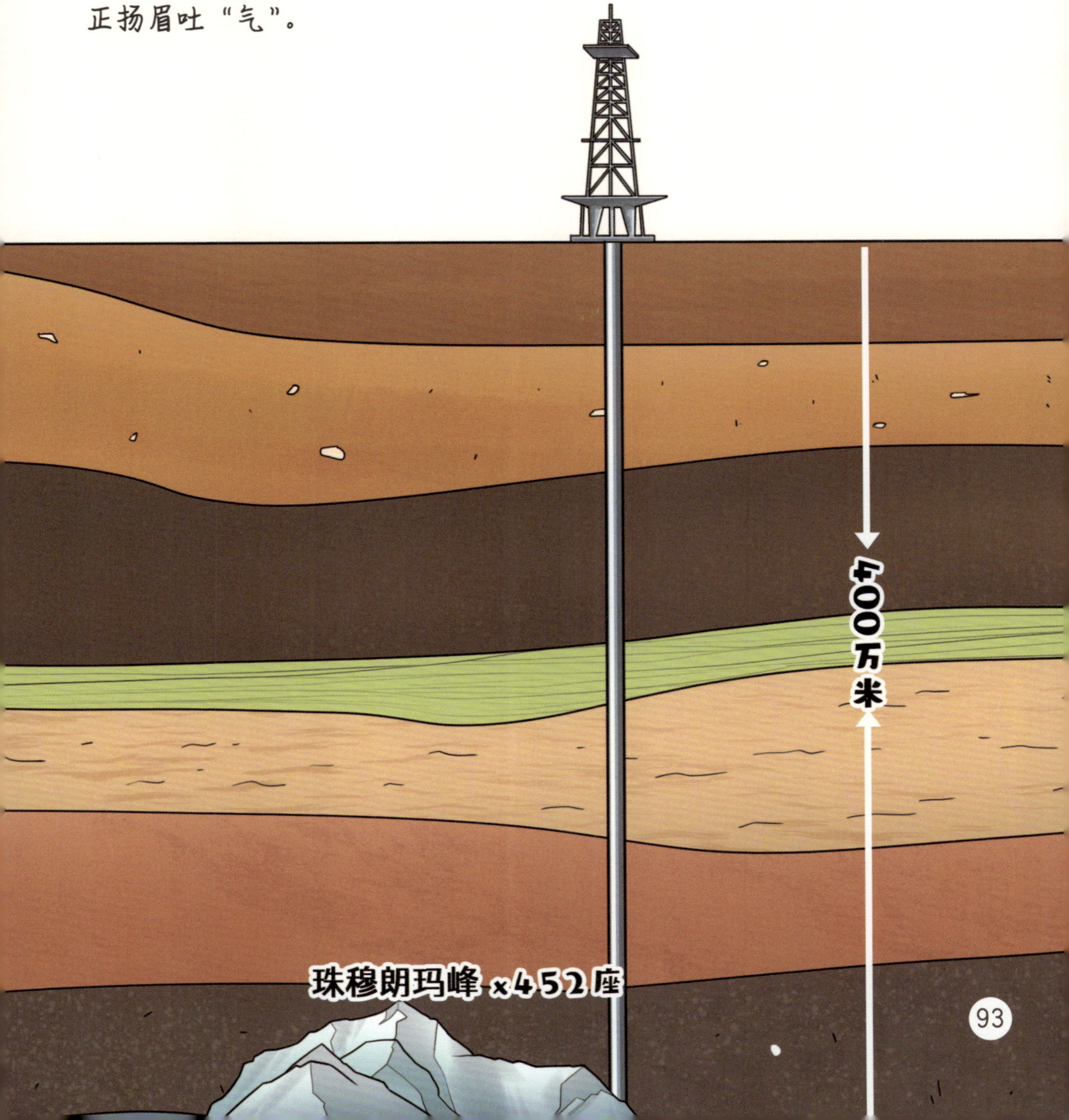

为什么要努力实现页岩气开发的自主化、国产化呢？相信每一位听到这个问题的能源工作者都会给出一个回答——为国争“气”。

研究显示，近年来页岩气产业的快速发展，已经使我国的页岩气成为天然气产量增长的主要力量。未来几年中，将有近一半的新增天然气来自页岩气。根据规划[1]，到2030年，我国页岩气产量将力争达到800亿~1000亿立方米。

❶ 数据来自国家能源局《页岩气发展规划（2016—2020）》。

三、未来“能源宠儿”

同学们这两年想必经常听到一个词——“碳中和”。那什么是碳中和呢？

简单来说，碳中和就是指人类活动排放的二氧化碳与各种措施吸收的二氧化碳达到平衡。

人类在日常生活中的各种活动，几乎每时每刻都在向大气中排放二氧化碳。比如小汽车在路上行驶时，需要燃烧汽油来提供动力，这个过程中就有二氧化碳被排放到空气中。当我们准备享用一顿美味的晚餐时，厨房里燃烧的天然气同样会产生二氧化碳。当我们购买一件新衣服时，衣服的生产、运输等过程同样也会产生碳排放，甚至我们的呼吸也在不经意间向大气中排放着二氧化碳。可以说，我们的衣、食、住、行、用、游都在以不同的方式、不同的程度增加着空气中的二氧化碳。

那么，人一生中会向大气排放多少二氧化碳呢？以2023年的数据计算，我国当年人均碳排放量为8.9吨，按照人口平均寿命78.6岁计算，人一生中向大气排放的二氧化碳大约可以达到700吨。

知识小课堂：

2020年9月22日，在第75届联合国大会上，中国提出二氧化碳排放量力争于2030年前达到峰值，努力争取2060年前实现碳中和。在气候变化挑战面前，人类命运与共，实现碳中和，不仅是政府的责任，也是每个公民的责任。你能为实现碳中和做些什么呢？

那碳中和跟页岩气又有什么关系呢？

我们知道，想要实现碳中和，有两条途径：少排放、多吸收。而页岩气就是"少排放"中重要的一环。

相对于煤炭、石油等化石能源，页岩气本身就具有低碳、清洁的属性，它燃烧后产生的污染物更少，同时，它又比风电、光伏等新能源更加稳定。当然，页岩气所在的天然气家族都是如此。只不过，页岩气作为能源行业的新星，发展潜力更大，这才成为"当家花旦"。

作为清洁环保、高效可靠的能源，页岩气对于我国乃至世界实现碳中和的目标有着重要意义，而且随着开发方式的进一步优化，更加高效、环保的开发体系也将出现。

在这场浩大的能源转型中，我们坚信，页岩气将成为构建绿色、低碳、高效的全球能源体系的重要力量！

追寻页岩气的足迹，破解地下更深层的秘密，这不仅是科学家们肩负的国之大计，还需要更多年轻的力量前赴后继。

同学们，当我们共同翻阅完这本书，你们是否已经满怀激情，憧憬着有朝一日能为宏伟的能源事业添砖加瓦？就从此刻开始行动起来吧！以书为舟，以梦为帆，用你们的智慧和勇气，去书写未来能源的新篇章！

环保新材料——石头纸

小朋友们，大家有没有注意到，这套科普书使用的纸张很特别呢？它的名字叫“石头纸”，是一种环保的新材料。可别小瞧这薄薄的一张纸，它的功能可真不少。它既能作为普通纸张进行书写、印刷，又具有耐撕、耐折、防水、防霉等功能，能够代替大部分传统的塑料包装物。

石头纸不仅功能强大，而且还是一枚妥妥的“环保专家”。与传统造纸行业相比，石头纸的生产不需要砍伐树木，可以节省大量的林木资源，制作过程中没有废水、废渣和有毒气体的排放，同时可减少99%的耗水量，减少65%的二氧化碳排放量，单位能耗可节约56%。作为塑料包装物的替代产品，它还能够为国家节省大量的石油资源。更厉害的是，石头纸在完成使命后还能够降解为粉末，回归大自然。

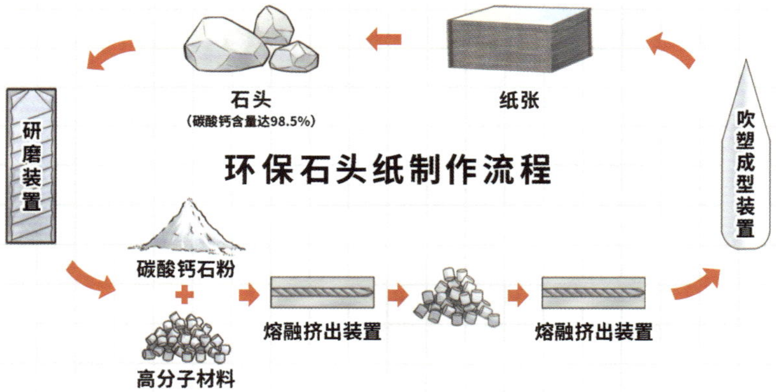

那石头纸是怎样制作出来的呢？它是利用煤矸石、碳酸钙石粉为主要原料，以高分子材料及多种无机物为基材辅助材料，利用高分子界面化学原理和填充改性的特点，最终经过特殊工艺处理后加工成型。目前，中国石化研发生产的专用树脂，是制作环保石头纸的优先选择，对比进口产品极具竞争力！